Yohaku Junior

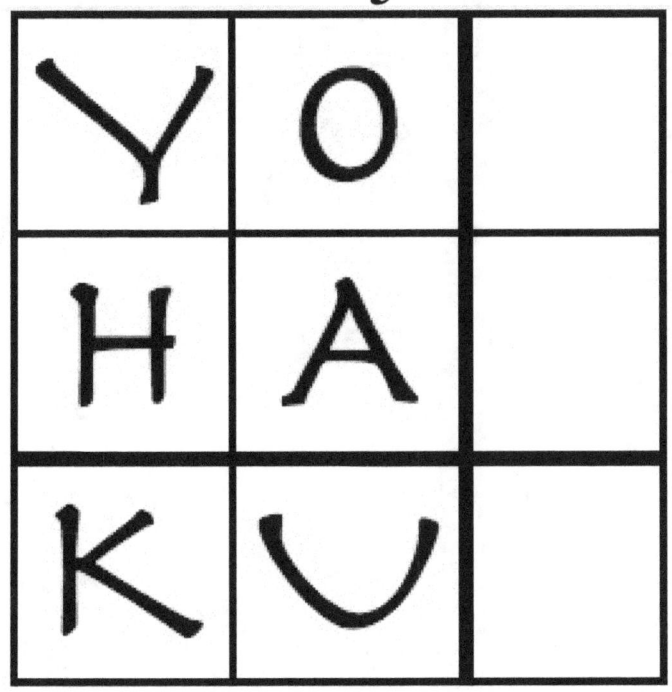

Book 2: Multiplicative Puzzles

Mike Jacobs

Copyright © 2018 Mike Jacobs

All rights reserved.

ISBN: 9781790308057

For Màiri and Andrew,

and

for all my nieces and nephews around the world:

Laura, Abi, Ben, Jack, Daniel, Jessica, Gracie, Tom, Anthony, Jude, Ling Xi, Raphael, Gabriel, Ella and Dylan.

CONTENTS

	Acknowledgments	i
1	What is a yohaku?	p. 1
2	Solving a yohaku	p. 2
3	Puzzles	p. 4
4	Solutions	p. 64

ACKNOWLEDGMENTS

Thanks must go out to all those who have encouraged me to write this book including my wife, Jackie, and my wonderful children Màiri and Andrew without whom…

I must also acknowledge all the wonderful maths colleagues that I have had the privilege of working with over the years in Yorkshire and in Ontario: you know who you are!

Finally, thank you to all the kind people all over the world who follow my Twitter account (@YohakuPuzzle) for all your kind words of support and encouragement over the past few years.

1 WHAT IS YOHAKU JUNIOR?

Yohaku Junior™ is a new type of number puzzle that will test your number sense and problem solving skills. It is based on yohaku puzzles but is aimed at primary-aged students. The puzzles in this book focus on multiplicative thinking and will help students become more efficient with their recall of these facts. Your task is to fill in the empty cells such that they give the product shown in each row and column.

Each yohaku is lovingly created by hand!

2 SOLVING A YOHAKU

To solve a yohaku, you must fill in the blank space so that the cells give the sum or the product shown in each row and column.

In yohaku junior, one or more of the numbers are already given. For example, in the yohaku shown, the two empty cells in the top row must multiply to give 12.

4		12
		10
20	6	×

Since one of these cells is 4, the other must be 3:

4	3	12
		10
20	6	×

Now we can use this to work out the other cells: the top two left column cells must multiply to give 20. Since one of these is 4, the other must be 5:

4	3	12
5		10
20	6	×

Finally the top two cells in the middle column must multiply to give 6. Since one of these is 3, the other must be 2:

4	3	12
5	2	10
20	6	✗

We can check our answer by seeing that in the middle row, 5 times 2 equals 10.

Some yohakus may have more than one possible solution. Many will involve a fair amount of trial and error.

The puzzles in this book are arranged from the easiest to the hardest. Solutions are provided. Happy solving!

Mike Jacobs

3 PUZZLES

Puzzles 1 to 20 focus on the 2 times, 3 times, 5 times, and 10 times tables.

1

2		8
		6
6	8	×

2

2		10
		8
8	10	×

3

2		8
		15
10	12	✗

4

2		10
		30
20	15	✗

5

3		6
		20
12	10	×

6

3		15
		12
9	20	×

Yohaku Junior Book 2

7.

3		12
		12
18	8	✕

8.

5		20
		9
15	12	✕

9

5		25
		12
30	10	✗

10

5		30
		12
15	24	✗

11

	2	10
		18
15	12	✗

12

	2	20
		12
30	8	✗

Mike Jacobs

13

	3	18
		4
12	6	✗

14

	5	15
		20
12	25	✗

15

		24
4		12
16	18	✗

16

		12
3		21
18	14	✗

17

		24
10		20
40	12	✗

18

		60
	5	15
18	50	✗

19

		30
	4	16
20	24	×

20

		70
	4	20
50	28	×

For puzzles 21 to 30, put the four given numbers into the blank cells to get the products shown in each row and column.

21

		12
		20
8	30	✕

Use these numbers: 2, 4, 5, 6

22

		6
		24
18	8	✕

Use these numbers: 2, 3, 4, 6

23

		20
		6
10	12	✗

Use these numbers: 2, 3, 4, 5

24

		18
		12
12	18	✗

Use these numbers: 3, 3, 4, 6

25

		21
		10
15	14	✗

Use these numbers: 2, 3, 5, 7

26

		16
		18
24	12	✗

Use these numbers: 2, 3, 6, 8

Yohaku Junior Book 2

27

		12
		30
18	20	✗

Use these numbers: 3, 4, 5, 6

28

		18
		24
16	27	✗

Use these numbers: 2, 3, 8, 9

29

		20
		20
40	10	✗

Use these numbers: 2, 4, 5, 10

30

		24
		50
20	60	✗

Use these numbers: 4, 5, 6, 10

These next puzzles focus on the 4 times and 6 times tables.

31

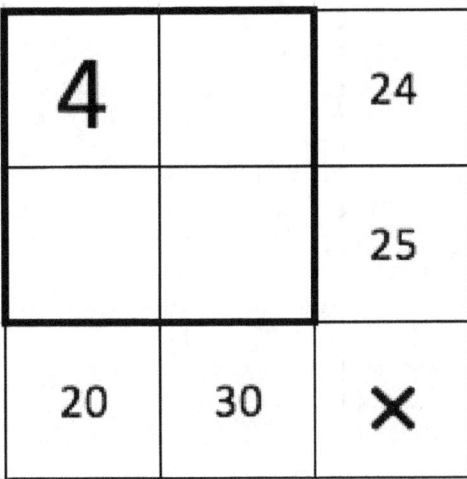

32

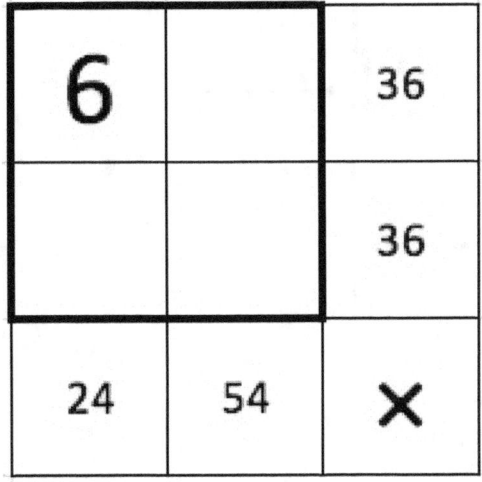

33

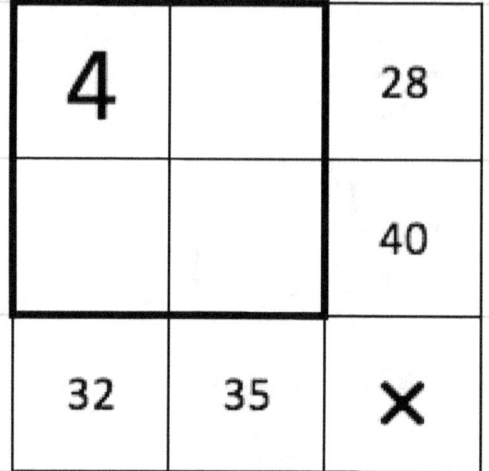

34

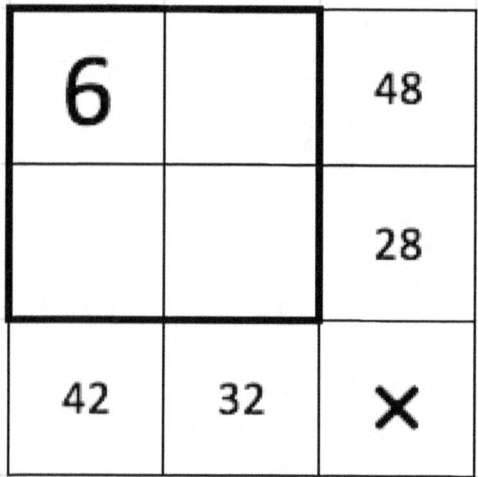

35

4		36
		24
32	27	✕

36

6		42
		36
54	28	✕

37

	4	32
		27
24	36	✗

38

	6	54
		30
45	36	✗

39

		50
4		32
40	40	✗

40

		36
6		60
54	40	✗

41

5		20
		24
30	16	✗

42

7		21
		24
28	18	✗

Yohaku Junior Book 2

43

7		42
		20
35	24	×

44

8		24
		28
32	21	×

45

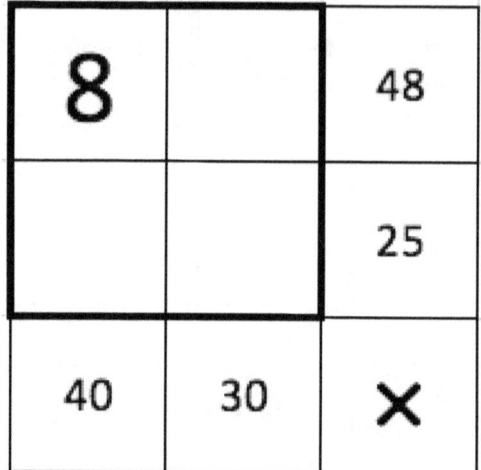

46

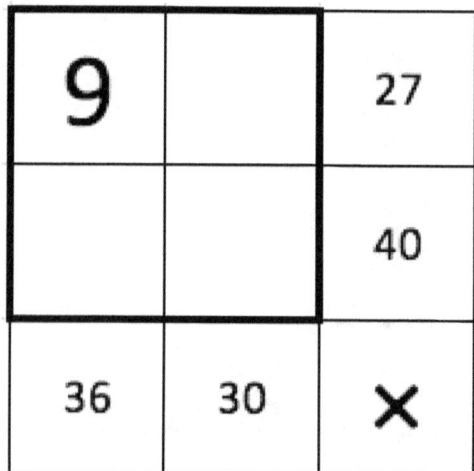

47

9		54
		30
45	36	✕

48

10		60
		28
40	42	✕

49

10		40
		54
60	36	✗

50

		16
	8	48
24	32	✗

For puzzles 51 to 60, put the four given numbers into the blank cells to get the products shown in each row and column.

51

		12
		12
18	8	✗

Use these numbers: 2, 3, 4, 6

52

		20
		36
30	24	✗

Use these numbers: 4, 5, 6, 6

53

		28
		24
32	21	✗

Use these numbers: 3, 4, 7, 8

54

		48
		20
30	32	✗

Use these numbers: 4, 5, 6, 8

55

		36
		12
18	24	✗

Use these numbers: 2, 4, 6, 9

56

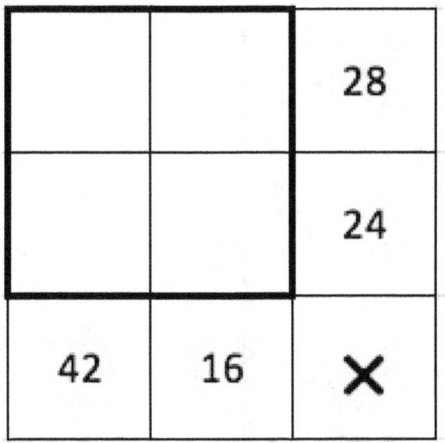

		28
		24
42	16	✗

Use these numbers: 4, 4, 6, 7

57

		48
		24
36	32	✗

Use these numbers: 4, 6, 6, 8

58

		54
		40
36	60	✗

Use these numbers: 4, 6, 9, 10

59

		28
		48
42	32	✗

Use these numbers: 4, 6, 7, 8

60

		48
		36
54	32	✗

Use these numbers: 4, 6, 8, 9

These next puzzles focus on the 7 times and 8 times tables.

61

7		21
		10
14	15	✗

62

7		35
		24
28	30	✗

63

7		21
		36
42	18	✗

64

7		56
		12
28	24	✗

65

7		35
		45
63	25	✗

66

8		32
		18
24	24	✗

67

8		40
		28
32	35	✗

68

8		24
		36
48	18	✗

69

8		64
		28
32	56	✗

70

8		72
		15
24	45	✗

71

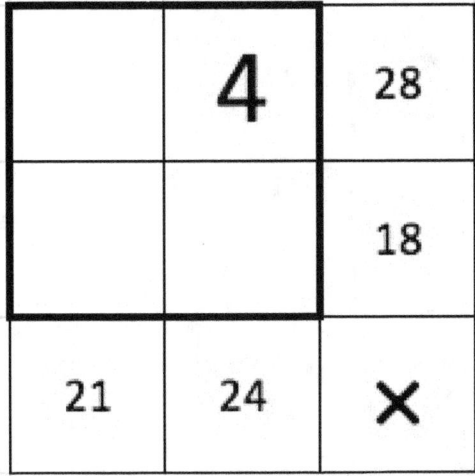

72

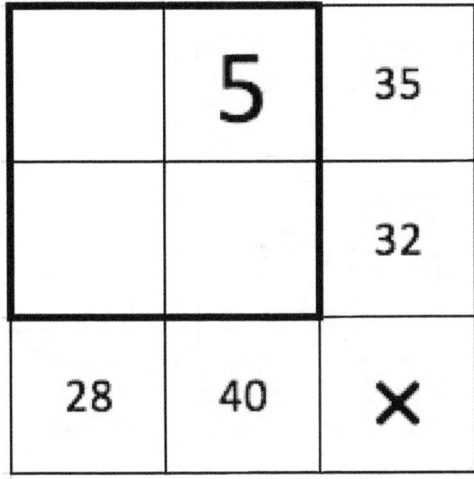

73

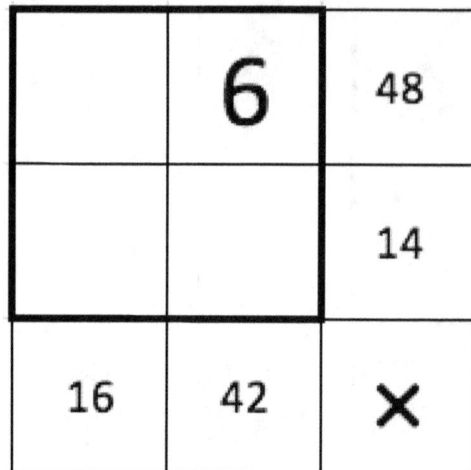

74

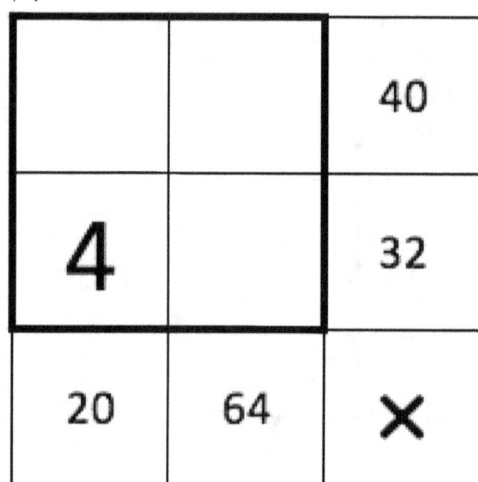

75

		42
5		25
35	30	×

76

		42
4		28
24	49	×

77

		32
	6	42
28	48	✗

78

		56
	4	32
64	28	✗

79

		12
	9	63
28	27	✗

80

		48
	9	54
36	72	✗

For puzzles 81 to 90, put the four given numbers into the blank cells to get the products shown in each row and column.

81

		21
		32
24	28	✗

Use these numbers: 3, 4, 7, 8

82

		40
		28
32	35	✗

Use these numbers: 4, 5, 7, 8

83

		42
		24
48	21	✗

Use these numbers: 3, 6, 7, 8

84

		24
		56
42	32	✗

Use these numbers: 4, 6, 7, 8

85

		35
		40
56	25	✗

Use these numbers: 5, 5, 7, 8

86

		42
		21
49	18	✗

Use these numbers: 3, 6, 7, 7

87

		64
		24
48	32	✗

Use these numbers: 4, 6, 8, 8

88

		45
		56
63	40	✗

Use these numbers: 5, 7, 8, 9

89

		48
		36
24	72	✗

Use these numbers: 4, 6, 8, 9

90

		63
		48
42	72	✗

Use these numbers: 6, 7, 8, 9

The next few puzzles focus on the 9 times table.

91

9		27
		40
45	24	✗

92

9		54
		24
36	36	✗

93

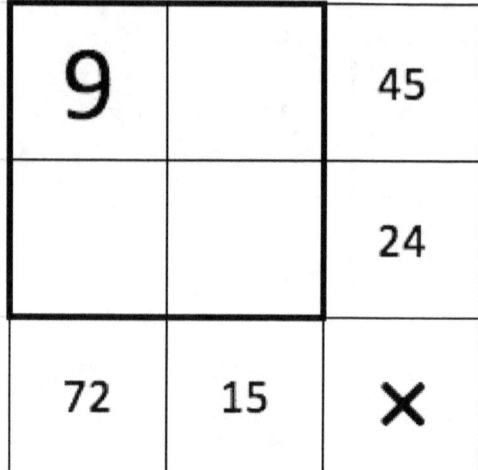

94

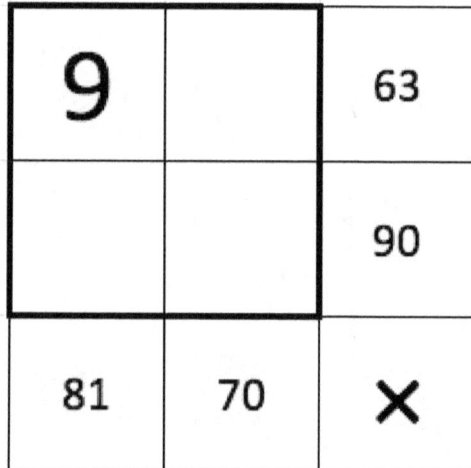

95

	4	24
		54
36	36	×

96

	5	40
		27
24	45	×

97

		27
	6	42
54	21	✗

98

		48
	4	36
24	72	✗

99

		12
	8	72
36	24	✗

100

		81
	7	35
45	63	✗

For puzzles 101 to 110, put the four given numbers into the blank cells to get the products shown in each row and column.

101

		12
		18
8	27	✗

Use these numbers: 2, 3, 4, 9

102

		45
		28
36	35	✗

Use these numbers: 4, 5, 7, 9

103

		54
		21
42	27	✗

Use these numbers: 3, 6, 7, 9

104

		32
		63
36	56	✗

Use these numbers: 4, 7, 8, 9

105

		42
		45
35	54	✗

Use these numbers: 5, 6, 7, 9

106

		56
		54
63	48	✗

Use these numbers: 6, 7, 8, 9

107

		54
		64
48	72	✗

Use these numbers: 6, 8, 8, 9

108

		24
		81
54	36	✗

Use these numbers: 4, 6, 9, 9

109

		64
		63
56	72	✕

Use these numbers: 7, 8, 8, 9

110

		54
		63
81	42	✕

Use these numbers: 6, 7, 9, 9

For the remaining puzzles, use what you have learned so far to figure out the four numbers that go in each of the blank cells.

111

		10
		12
8	15	✗

112

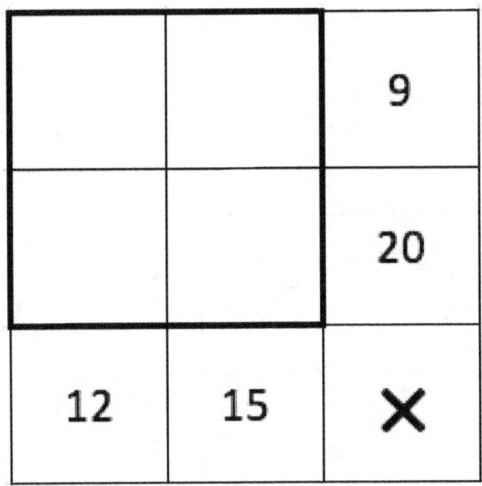

113

		25
		18
15	30	✗

114

		12
		35
21	20	✗

115

		24
		10
15	16	✗

116

		28
		30
24	35	✗

117

		27
		24
54	12	✗

118

		36
		15
20	27	✗

Yohaku Junior Book 2

119

		35
		54
42	45	✗

120

		56
		54
72	42	✗

4 SOLUTIONS

1

2	4	8
3	2	6
6	8	×

2

2	5	10
4	2	8
8	10	×

3

2	4	8
5	3	15
10	12	×

4

2	5	10
10	3	30
20	15	×

5

3	2	6
4	5	20
12	10	×

6

3	5	15
3	4	12
9	20	×

7

3	4	12
6	2	12
18	8	×

8

5	4	20
3	3	9
15	12	×

9

5	5	25
6	2	12
30	10	×

10

5	6	30
3	4	12
15	24	×

11

5	2	10
3	6	18
15	12	×

12

10	2	20
3	4	12
30	8	×

Yohaku Junior Book 2

13
6	3	18
2	2	4
12	6	×

14
3	5	15
4	5	20
12	25	×

15
4	6	24
4	3	12
16	18	×

16
6	2	12
3	7	21
18	14	×

17
4	6	24
10	2	20
40	12	×

18
6	10	60
3	5	15
18	50	×

19
5	6	30
4	4	16
20	24	×

20
10	7	70
5	4	20
50	28	×

21
2	6	12
4	5	20
8	30	×

22
3	2	6
6	4	24
18	8	×

23
5	4	20
2	3	6
10	12	×

24
3	6	18
4	3	12
12	18	×

25

3	7	21
5	2	10
15	14	✗

26

8	2	16
3	6	18
24	12	✗

27

3	4	12
6	5	30
18	20	✗

28

2	9	18
8	3	24
16	27	✗

29

10	2	20
4	5	20
40	10	✗

30

4	6	24
5	10	50
20	60	✗

31

4	6	24
5	5	25
20	30	✗

32

6	6	36
4	9	36
24	54	✗

33

4	7	28
8	5	40
32	35	✗

34

6	8	48
7	4	28
42	32	✗

35

4	9	36
8	3	24
32	27	✗

36

6	7	42
9	4	36
54	28	✗

Yohaku Junior Book 2

37

8	4	32
3	9	27
24	36	×

38

9	6	54
5	6	30
45	36	×

39

10	5	50
4	8	32
40	40	×

40

9	4	36
6	10	60
54	40	×

41

5	4	20
6	4	24
30	16	×

42

7	3	21
4	6	24
28	18	×

43

7	6	42
5	4	20
35	24	×

44

8	3	24
4	7	28
32	21	×

45

8	6	48
5	5	25
40	30	×

46

9	3	27
4	10	40
36	30	×

47

9	6	54
5	6	30
45	36	×

48

10	6	60
4	7	28
40	42	×

49

10	4	40
6	9	54
60	36	×

50

4	4	16
6	8	48
24	32	×

51

6	2	12
3	4	12
18	8	×

52

5	4	20
6	6	36
30	24	×

53

4	7	28
8	3	24
32	21	×

54

6	8	48
5	4	20
30	32	×

55

9	4	36
2	6	12
18	24	×

56

7	4	28
6	4	24
42	16	×

57

6	8	48
6	4	24
36	32	×

58

9	6	54
4	10	40
36	60	×

59

7	4	28
6	8	48
42	32	×

60

6	8	48
9	4	36
54	32	×

61

7	3	21
2	5	10
14	15	×

62

7	5	35
4	6	24
28	30	×

63

7	3	21
6	6	36
42	18	×

64

7	8	56
4	3	12
28	24	×

65

7	5	35
9	5	45
63	25	×

66

8	4	32
3	6	18
24	24	×

67

8	5	40
4	7	28
32	35	×

68

8	3	24
6	6	36
48	18	×

69

8	8	64
4	7	28
32	56	×

70

8	9	72
3	5	15
24	45	×

71

7	4	28
3	6	18
21	24	×

72

7	5	35
4	8	32
28	40	×

73

8	6	48
2	7	14
16	42	✗

74

5	8	40
4	8	32
20	64	✗

75

7	6	42
5	5	25
35	30	✗

76

6	7	42
4	7	28
24	49	✗

77

4	8	32
7	6	42
28	48	✗

78

8	7	56
8	4	32
64	28	✗

79

4	3	12
7	9	63
28	27	✗

80

6	8	48
6	9	54
36	72	✗

81

3	7	21
8	4	32
24	28	✗

82

8	5	40
4	7	28
32	35	✗

83

6	7	42
8	3	24
48	21	✗

84

6	4	24
7	8	56
42	32	✗

85

7	5	35
8	5	40
56	25	×

86

7	6	42
7	3	21
49	18	×

87

8	8	64
6	4	24
48	32	×

88

9	5	45
7	8	56
63	40	×

89

6	8	48
4	9	36
24	72	×

90

7	9	63
6	8	48
42	72	×

91

9	3	27
5	8	40
45	24	×

92

9	6	54
4	6	24
36	36	×

93

9	5	45
8	3	24
72	15	×

94

9	7	63
9	10	90
81	70	×

95

6	4	24
6	9	54
36	36	×

96

8	5	40
3	9	27
24	45	×

97

9	3	27
6	7	42
54	21	✗

98

6	8	48
4	9	36
24	72	✗

99

4	3	12
9	8	72
36	24	✗

100

9	9	81
5	7	35
45	63	✗

101

4	3	12
2	9	18
8	27	✗

102

9	5	45
4	7	28
36	35	✗

103

6	9	54
7	3	21
42	27	✗

104

4	8	32
9	7	63
36	56	✗

105

7	6	42
5	9	45
35	54	✗

106

7	8	56
9	6	54
63	48	✗

107

6	9	54
8	8	64
48	72	✗

108

6	4	24
9	9	81
54	36	✗

109

8	8	64
7	9	63
56	72	×

110

9	6	54
9	7	63
81	42	×

111

2	5	10
4	3	12
8	15	×

112

3	3	9
4	5	20
12	15	×

113

5	5	25
3	6	18
15	30	×

114

3	4	12
7	5	35
21	20	×

115

3	8	24
5	2	10
15	16	×

116

4	7	28
6	5	30
24	35	×

117

9	3	27
6	4	24
54	12	×

118

4	9	36
5	3	15
20	27	×

119

7	5	35
6	9	54
42	45	×

120

8	7	56
9	6	54
72	42	×

ABOUT THE AUTHOR

Mike Jacobs is a Mathematics teacher in Ontario, Canada. Originally from Yorkshire in the U.K., he has been teaching for 28 years. He first fell in love with mathematics after watching Disney's Donald in Mathemagic Land. He created yohaku puzzles as a means of encouraging problem solving as well as practising and improving number sense. His favourite prime number is 23 and he is convinced that triangle numbers are much more cooler than square numbers.

www.ingramcontent.com/pod-product-compliance
Lightning Source LLC
Chambersburg PA
CBHW072015230526
45468CB00021B/1563